Surendra Uttamrao Suryawanshi

Melhorar a disposição das instalações para aumentar a produtividade na indústria do mobiliário

AF396042

Surendra Uttamrao Suryawanshi

Melhorar a disposição das instalações para aumentar a produtividade na indústria do mobiliário

ScienciaScripts

Imprint
Any brand names and product names mentioned in this book are subject to trademark, brand or patent protection and are trademarks or registered trademarks of their respective holders. The use of brand names, product names, common names, trade names, product descriptions etc. even without a particular marking in this work is in no way to be construed to mean that such names may be regarded as unrestricted in respect of trademark and brand protection legislation and could thus be used by anyone.

Cover image: www.ingimage.com

This book is a translation from the original published under ISBN 978-620-2-31312-4.

Publisher:
Sciencia Scripts
is a trademark of
Dodo Books Indian Ocean Ltd. and OmniScriptum S.R.L publishing group

120 High Road, East Finchley, London, N2 9ED, United Kingdom
Str. Armeneasca 28/1, office 1, Chisinau MD-2012, Republic of Moldova, Europe
Printed at: see last page
ISBN: 978-620-7-96380-5

COTAÇÃO

Gostaria de aproveitar esta oportunidade para expressar os meus sinceros agradecimentos a todos os que contribuíram para o êxito do meu relatório sobre o mini-projeto.

Gostaria de agradecer ao meu supervisor de projeto, Prof. Itnal e ao chefe do departamento, Prof. Rahul Waikar, pelo apoio e orientação inestimáveis que me deram e por promoverem um ambiente agradável, mas competitivo, no departamento, que motiva todos os estudantes a almejarem mais alto.

Gostaria também de agradecer ao Sr. Vishal Phaltankar (Diretor de Operações da REP), ao Sr. Rajaram Nate (Diretor do Departamento de Produção) e ao Sr. Shashikant Gaonkar (Diretor de Produção) que me ajudaram a preparar o projeto e o relatório do projeto.

Gostaria de agradecer ao Prof. R. M. JALNEKAR, Diretor do VIT Pune, por ter disponibilizado as instalações do Instituto e pelo seu incentivo durante a realização deste trabalho.

A **solução Envy** é uma pequena fábrica, baseada em encomendas, com 5 empregados e 6 máquinas para a produção de vários produtos, tais como mesas, armários, conjuntos de cozinha, portas, etc.

A empresa onde estou a realizar o meu projeto é uma pequena fábrica que produz por encomenda. A procura de mesas costumava ser inferior a 50, mas agora aumentou para mais de 100, pelo que há muitos problemas em satisfazer a procura e está a ser feito trabalho extra para satisfazer a procura.

ADMIN
STORE ROOM
Nikhil Doshi
MODULAR FURNITURE
Factory Made
Kitchens • Wardrobe • Bed
Office Furniture
envy solution pvt. ltd.
Factory
7588750077

As diferentes máquinas da nossa fábrica são as seguintes

a) Máquina de perfuração multi-eixo de três eixos (máquina de perfuração)

b) Coladeira de bordos curvos (colagem de bordos redondos)

c) Máquina automática de colagem de bordos com alimentação direta (colagem de bordos)

d) Máquina de serrar painéis (máquina de corte)

e) Fresadora CNC

f) Máquina de prensagem a quente.

São as diferentes máquinas que se encontram na fábrica. Os trabalhos de manutenção são efectuados pelos próprios operadores. As máquinas são limpas regularmente antes de serem colocadas em funcionamento; os trabalhadores limpam o seu local de trabalho antes de colocarem a máquina em funcionamento. Isto garante a segurança do ambiente e do local de trabalho. São ligados tubos aspiradores a cada máquina para que o pó libertado possa ser novamente extraído. Todas as poeiras geradas pelas máquinas CNC, máquinas de corte e máquinas de colagem de bordos são aspiradas para uma conduta no exterior da fábrica e removidas uma vez por semana. Isto cria um ambiente seguro para os trabalhadores. O pó é extraído do interior da fábrica para que os trabalhadores recebam ar fresco. O aspirador aspira todas as poeiras geradas pelas máquinas CNC, máquinas de corte e máquinas de aplicação de fita de borda para uma conduta no exterior da fábrica e é limpo uma vez por semana. Isto garante a segurança dos trabalhadores, criando um ambiente seguro.

Tendo em conta o rápido aumento da procura na produção, as empresas industriais devem aumentar o seu potencial de produção e de eficiência, a fim de competir com os seus rivais. Ao mesmo tempo, o processo de produção deve ser equipado com a capacidade de obter custos mais baixos com maior eficiência. Por conseguinte, a resolução do problema da produção é muito importante. Existem muitas formas, por exemplo, o controlo da qualidade (CQ), a gestão da qualidade total (GQT), o tempo padrão, a disposição das instalações, para resolver os problemas de produtividade. De acordo com muitos investigadores, a disposição das instalações é uma forma de reduzir os custos de fabrico e aumentar a produtividade. Além disso, promove um bom fluxo de trabalho na cadeia de produção. Verificou-se que há desperdício de tempo ou atraso no fabrico, ou seja, o movimento de material em longas filas e fluxo interrompido, bem como área inútil da fábrica. Tendo em conta estes problemas, os investigadores gostariam de analisar a forma de os resolver e de encontrar uma maneira de melhorar a disposição das instalações. O planeamento básico da disposição industrial é aplicado ao método de planeamento sistemático da disposição (SLP), que mostra o processo passo a passo do planeamento da disposição da fábrica, desde os dados de entrada e as actividades até à avaliação da disposição da fábrica. Este método fornece um novo layout da fábrica que melhora o fluxo do processo através da fábrica e ajuda a aumentar o espaço na indústria.

- Vishal Bhawsar [2016] centra-se na aplicação do planeamento sistemático da linha (SLP) na indústria do aço pesado para melhorar a produtividade. A fábrica existente não podia oferecer eficiência e produtividade significativas devido ao elevado tempo necessário para transportar as bobinas e para as carregar e descarregar. A disposição melhorada da fábrica reduz significativamente a distância percorrida pelas bobinas para as operações mais importantes e o tempo necessário para transportar as bobinas dos laminadores para o laminador de laminação fina.

- Shubham Barnwal [2016] aborda os obstáculos encontrados na reconstrução de motores devido a movimentos mais longos, a múltiplos movimentos cruzados e a actividades morosas. O planeamento sistemático da disposição pode ser utilizado para criar disposições alternativas que melhorem o desempenho da linha de produção, tais como a redução da taxa de estrangulamento, a minimização dos custos de movimentação de materiais, a redução do tempo de inatividade, o aumento da eficiência e a utilização de mão de obra, equipamento e espaço. A aplicação do modelo proposto contribui para aumentar a taxa de produção em 28%, o tempo de produção por autocarro diminuiu 3,34% e a distância total percorrida pelo material diminuiu 14%. - S.S. Gnanavel [2015] trata da conceção do layout em sistemas de fabrico celular (CMS), tendo-o simulado e verificado na linha de montagem. A implementação do novo layout foi considerada bem sucedida, uma vez que pode aumentar a produtividade em 10% através da avaliação dos postos de trabalho e dos métodos de trabalho. A conclusão foi uma redução do tempo total do ciclo de funcionamento, um aumento da vigilância dos operadores e uma melhor distribuição da oficina no grupo, resultando numa maior produtividade.

- Orville Sutari [2014] relata um estudo de caso sobre o layout existente de uma unidade de produção de naceles e a conceção de um layout de fábrica enxuto utilizando SLP (Systematic Layout Planning) para aumentar a produtividade. O estudo baseia-se no fluxo de materiais, nas relações entre actividades e nos requisitos de espaço. No layout optimizado, a distância total necessária para fabricar um conjunto de naceles e cones de nariz é, portanto

- 39,05 m. O SLP demonstrou que a conceção optimizada da fábrica permitia reduzir os desperdícios causados pela deslocação e pelo transporte, o que aumentava a produtividade da fábrica.

- Mohamed Farook K.S. [2014] trata da melhoria da produtividade de uma organização com vários produtos. Depois de analisar as possíveis áreas de melhoria, como a produtividade do trabalho, a disposição das instalações e a utilização do espaço e as normas de trabalho. A partir do estudo das áreas de melhoria, é efectuado um estudo de amostragem do trabalho para melhores áreas de melhoria, são selecionados os melhores layouts alternativos possíveis e são determinados padrões de trabalho para produtos com encomendas frequentes utilizando o método de estudo do tempo.

- Md Riyad Hossain [2014] trata da conceção do processo de produção atual na indústria da juta com base na teoria do padrão de plancamento sistemático (SLP) para aumentar a produtividade. O estudo inclui um fluxograma da fábrica, um diagrama de fluxo de materiais e de relações de actividades e uma nova disposição da fábrica que foi comparada com a disposição atual da fábrica. Após a análise da disposição existente, verificou-se que o custo total de manuseamento de materiais para uma produção de 100 kg de fio é de 1829,25 BTD, sendo reduzido para 120,5 BTD com a disposição modificada. Ao implementar o novo layout, 38,75% dos custos totais de manuseamento podem ser poupados.

- C. S. Avinash [2014] efectuou uma análise comparativa da rendibilidade de moinhos modernos e tradicionais de transformação de grama vermelha, analisando os rácios comerciais, o rácio de equilíbrio e os rácios de viabilidade financeira, tais como as técnicas VAL, RBC e TIR. Os dados foram recolhidos com recurso a questionários, através de entrevistas pessoais com os moinhos de Dal e de registos mantidos pelos moinhos de Dal. O rácio custo/benefício foi de 1,13 para os moinhos de dal modernos e de 1,06 para os moinhos de dal tradicionais. A taxa interna de rendibilidade é tão elevada para os moinhos de dal modernos (33,22%) como para os moinhos de dal tradicionais (16,48%). A quantidade de produção necessária para atingir o ponto de equilíbrio foi de 10 863 quintais para os moinhos modernos e de 9 136 quintais para os moinhos tradicionais, o que indica que ambos são rentáveis. O investimento em moinhos modernos de dal foi considerado economicamente mais viável do que o investimento em moinhos tradicionais de dal.

- Rajbir Bhatti [2014] analisa a disposição das instalações da "TIRUPATI FLOUR MILL INDUSTRIES" para eliminar os obstáculos ao fluxo de materiais e maximizar a produtividade dos trabalhadores e das instalações. A fábrica atual ocupa 3620,65 pés2 de 5610 pés2 de espaço disponível. Analisando os problemas na disposição atual da fábrica e a forma como poderiam ser melhorados. Foi concebida uma disposição melhorada da fábrica, reduzindo os movimentos indesejados das peças, os movimentos duplicados, o espaço não utilizado, etc. Esta disposição melhorada da fábrica pode aumentar a produção em 20-30% sem um investimento significativo e utilizando uma área máxima de 353,6 ft2.

Configuração do sistema

A eficiência da produção depende da forma como as várias máquinas, as instalações de produção e as comodidades para os trabalhadores estão organizadas numa fábrica. Só uma fábrica corretamente concebida pode garantir um fluxo suave e rápido de materiais, desde a matéria-prima até ao produto acabado. A conceção de uma fábrica abrange tanto as novas instalações como a melhoria das instalações existentes. Pode ser definida como uma técnica de organização das máquinas, dos processos e dos serviços da fábrica para obter a quantidade e a qualidade certas de produção ao menor custo possível. Implica uma disposição sensata do equipamento de produção de modo a que o fluxo de trabalho seja direto.

Definição de

A configuração de uma fábrica pode ser definida da seguinte forma: A disposição da fábrica refere-se à disposição das instalações físicas, tais como maquinaria, equipamento, mobiliário, etc., no edifício da fábrica, de forma a permitir o fluxo mais rápido de materiais, ao menor custo e com o menor esforço no processamento do produto, desde a receção dos materiais até à expedição do produto acabado. De acordo com Riggs, "o objetivo global do projeto de uma fábrica é conceber uma disposição física que satisfaça os requisitos de produção - quantidade e qualidade - de forma mais económica". De acordo com J. L. Zundi, "idealmente, a disposição das instalações envolve a afetação de espaço e a organização do equipamento de forma a minimizar o custo total de propriedade.

Significado

O planeamento da fábrica é uma decisão importante, uma vez que representa um compromisso a longo prazo. Uma disposição ideal da fábrica deve proporcionar um equilíbrio ótimo entre produção, espaço e processo de fabrico. Facilita o processo de produção, minimiza o manuseamento de materiais, o tempo e os custos e permite processos de trabalho flexíveis, um fluxo de produção fácil, uma utilização económica do edifício, uma utilização eficaz da mão de obra e assegura a conveniência, a segurança e o conforto dos empregados no trabalho, bem como o máximo de luz e ventilação naturais. Também é importante porque influencia o fluxo de materiais e os processos, a eficiência do trabalho, a monitorização e o controlo, a utilização do espaço e as possibilidades de expansão, etc.

Informações de base

Uma disposição eficiente do sistema pode ajudar a atingir os seguintes objectivos:

a) Utilização correta e eficiente do espaço disponível

b) Assegurar que o trabalho se desloca de um ponto para outro sem

atrasos c) Proporcionar uma capacidade de produção suficiente.

d) Redução dos custos de transporte de materiais

e) Redução dos riscos para o pessoal
f) Utilização eficiente da mão de obra
g) Aumento da moral no trabalho
h) Reduzir os acidentes
i) Assegurar a flexibilidade do volume e dos produtos
j) Facilitar o acompanhamento e o controlo
k) Assegurar a saúde e a segurança dos trabalhadores
l) Permite uma manutenção fácil
m) Permitir uma elevada utilização da máquina ou do sistema
n)   Melhorar a produtividade
o)

OBJECTIVOS DE TRABALHO:

O objetivo deste trabalho é minimizar a carga de trabalho e o número de trabalhadores na linha de produção, atingindo ao mesmo tempo a produção necessária. Os objectivos deste estudo são os seguintes

- Reduzir os custos de produção e melhorar a produtividade.
- Melhorar a disposição para aumentar a produtividade.
- O desenvolvimento de um novo método de trabalho é uma mudança na organização do trabalho para melhorar a eficiência dos trabalhadores.
- Melhorar o fluxo de impulsos de uma estação de trabalho para outra evita que o impulso seja danificado.
- Identificação, análise e métodos de medição da produtividade.
- Determinação da produtividade da máquina para aumentar a produtividade.
- Identificação dos pontos de estrangulamento e sua eliminação.
- Minimização das perdas durante a produção de leguminosas.
- Oferece segurança na movimentação de materiais e no fluxo de trabalho do pessoal.
- Minimizar a deslocação de pessoas, materiais e recursos.

Tipos de layouts
Como já foi referido, a disposição das instalações facilita o planeamento da disposição da maquinaria, do equipamento e de outras instalações físicas nas instalações. Um empreiteiro deve ter os conhecimentos necessários para determinar uma disposição adequada para instalações novas ou existentes. Esta varia de fábrica para fábrica, de local para local e de indústria para indústria. No entanto, os princípios básicos da disposição das instalações são mais ou menos os mesmos. As pequenas empresas requerem uma área ou espaço mais reduzido e podem ser instaladas em qualquer tipo de edifício, desde que o espaço esteja disponível e seja favorável. A conceção das instalações para as pequenas empresas está intimamente relacionada com o edifício da fábrica e a área construída.

(a) Conceção do produto ou da linha:
Este tipo de disposição é geralmente utilizado em instalações onde um produto tem de ser fabricado ou montado em grandes quantidades. No layout do produto, as máquinas e os serviços auxiliares são dispostos de acordo com a sequência de processamento do produto, sem armazenamento de buffer dentro da própria linha. Uma representação pictórica de um arranjo baseado no produto é mostrada na Figura 1. As vantagens e desvantagens estão listadas na Tabela 1.

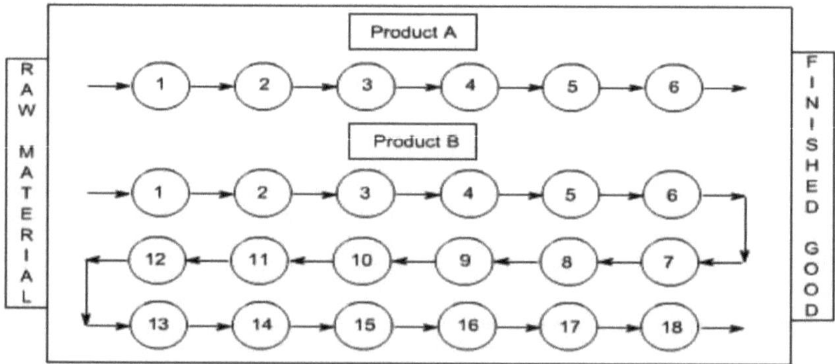

Figure 1: Uma representação pictórica do tipo de produtoLayout
Quadro 1: Vantagens e desvantagens do produto Tipo de apresentação

ADVANTAGES	DISADVANTAGES
• Low material handling cost per unit • Less work in process • Total production time per unit is short • Low unit cost due to high volume • Less skill is required for personnel • Smooth, simple, logical, and direct flow • Inspection can be reduced • Delays are reduced • Effective supervision and control	• Machine stoppage stops the line • Product design change or process change causes the layout to become obsolete • Slowest station paces the line • Higher equipment investment usually results • Less machine utilization • Less flexible

(b) Processo ou conceção funcional:

Numa disposição de processos (também conhecida como disposição de uma oficina), as máquinas e serviços semelhantes são dispostos em conjunto. Assim, numa estrutura de processos, todas as máquinas de furar estão localizadas numa área da estrutura e todas as máquinas de fresar noutra área. Um exemplo de uma estrutura de processos na indústria transformadora é uma oficina mecânica. Os esquemas de processos são também muito utilizados em organizações não fabris. Exemplos incluem hospitais, faculdades, bancos, oficinas de reparação de automóveis e bibliotecas públicas (Muther, R, Systematic Layout Planning, Second Edition, CBI Publishing Company, Inc. Boston, 1973).

A Figura 2 mostra uma representação pictórica de um esquema de engenharia de processos. As vantagens e desvantagens são apresentadas no Quadro 2.

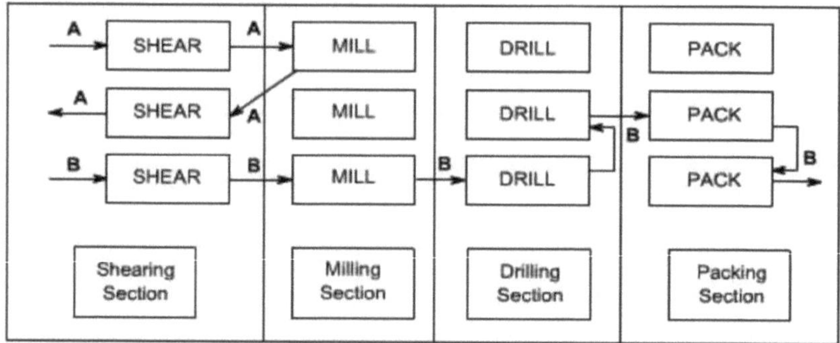

Figure 2:   Uma representação pictórica do tipo de processoLayout

Table 2:   Vantagens e desvantagens do processo Tipo de layout

ADVANTAGES	DISADVANTAGES
<ul><li>Better machine utilization</li><li>Highly flexible in allocating personnel and equipment because general purpose machines are used.</li><li>Diversity of tasks for personnel</li><li>Greater incentives to individual worker</li><li>Change in Product design and process design can be incorporated easily</li><li>More continuity of production in unforeseen conditions like breakdown, shortages, absenteeism</li></ul>	<ul><li>Increased material handling</li><li>Increased work in process</li><li>Longer production lines</li><li>Critical delays can occur if the part obtained from previous operation is faulty</li><li>Routing and scheduling pose continual challenges</li></ul>

Neste tipo de layout, o produto é mantido numa posição fixa e todos os outros materiais, componentes, ferramentas, máquinas, trabalhadores, etc. são colocados e dispostos à volta do produto. Em seguida, é efectuada a montagem ou o fabrico. A disposição do departamento de localização fixa do material envolve a disposição e a colocação de postos de trabalho em torno do material ou do produto. É utilizada na montagem de aeronaves, na construção naval e na maioria dos projectos de construção. A Figura 3 apresenta uma representação pictórica de uma disposição de localização fixa. As vantagens e desvantagens são apresentadas no Quadro 3.

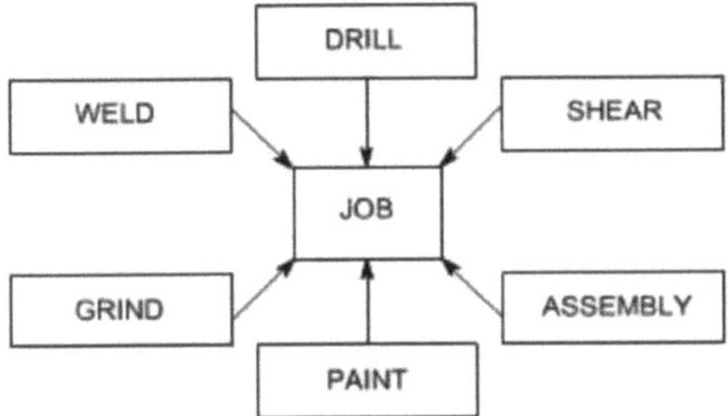

Figure 3: Uma representação gráfica do tipo de apresentação com uma localização fixa

Table 3: Vantagens e desvantagens de um acordo fixo

ADVANTAGES	DISADVANTAGES
• Material movement is reduced • Promotes pride and quality because an individual can complete the whole job • Highly flexible; can accommodate changes in product design, product mix, and production volume	• May result in increase space and greater work in process • Requires greater skill for personnel • Personnel and equipment movement is increased • Requires close control and coordination in production and personnel scheduling

Uma combinação de layouts de processo e de produto combina as vantagens de ambos os tipos de layout. Além disso, atualmente, são raros os layouts puros de produto ou de processo. A maior parte das secções de produção estão dispostas de acordo com a estrutura de processos, com linhas de produção aqui e ali (dispersas) sempre que as condições o permitam. É possível uma disposição combinada quando um item é produzido em diferentes tipos e tamanhos; nesses casos, as máquinas são dispostas numa disposição de processo, mas o agrupamento de processos (um grupo de várias máquinas semelhantes) é depois disposto numa sequência para produzir diferentes tipos e tamanhos de produtos. É de notar que, independentemente do tamanho e do tipo de produto, a sequência de operações permanece a mesma ou semelhante. A Figura 4.3 mostra um arranjo combinado para a

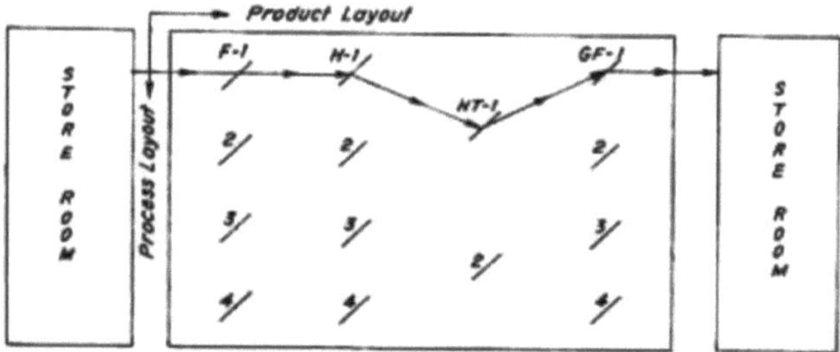

produção de engrenagens de diferentes tamanhos.

Fig. 4.3 Um arranjo combinado para o fabrico de diferentes tipos e tamanhos de engrenagens.

F - Martelos de forja para peças em bruto.

H - Máquinas de fresar engrenagens (ou máquinas de cortar engrenagens)

HT ■ Fornos de tratamento térmico. GF

Máquinas para a maquinagem de engrenagens.

Uma linha combinada também é útil se vários artigos forem produzidos na mesma sequência, mas nenhum dos artigos se destina a ser produzido em grandes quantidades e, por conseguinte, nenhum artigo justifica uma linha de produção separada e independente. Por exemplo, limas, serras, serras circulares para metal, serras para madeira, etc. podem ser produzidas numa linha combinada.

Espaço disponível, tipos de equipamento e requisitos de acessibilidade
:

• Formas regulares: É frequentemente feita uma distinção entre duas formas diferentes de instalações que são regulares, ou seja, geralmente rectangulares (Kim & Kim, 2000). -i Dimensões fixas -i Rácios de aspeto

•

• Forma irregular: Irregulares, ou seja, geralmente polígonos que têm um ângulo de pelo menos 270 (Lee & Kim, 2000).

•

Corredores ou espaços livres para a circulação dos operadores e do material. Configurações de layout:

• Fila única: O problema da fila única ocorre quando as instalações têm de ser dispostas ao longo de uma linha (Djellab & Gourgand, 2001; Ficko, Brezocnick, & Balic, 2004; Kim, Kim, & Bobbie, 1996; Kumar, Hadjinicola, & Lin, 1995). Com base nesta situação inicial, podem ser consideradas várias formas, por exemplo, rectilínea, semicircular ou em U (Hassan, 1994). -i Linear -i Semi-circular -i em forma de U - Multi-filas: A disposição multi-filas inclui várias filas de dispositivos (Hassan, 1994). Disposição em anel: A disposição em anel inclui uma estação de carga/descarga, ou seja, um local onde uma peça entra e sai do anel. Esta estação é única e assume-se que está localizada entre as posições m e 1.

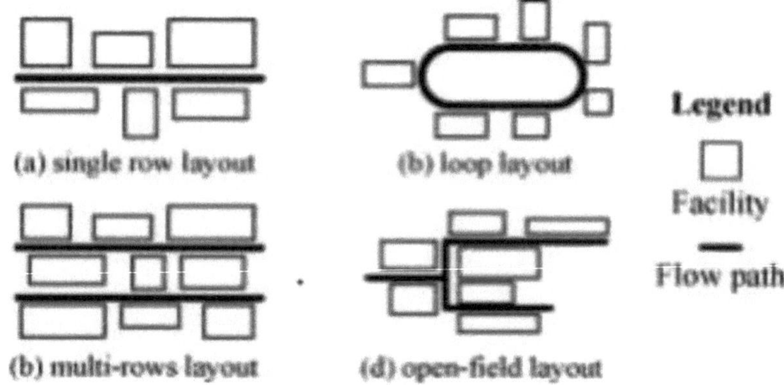

Figura 2: Configuração do layout

• Campo aberto: O layout de campo aberto corresponde a situações em que as instalações podem ser colocadas sem as restrições ou constrangimentos impostos por arranjos como os de fileira única ou de circuito (Yang et al., 2005): Atualmente, a oferta de terrenos para a construção de uma fábrica em zonas urbanas é geralmente insuficiente e dispendiosa.

A limitação do espaço horizontal disponível torna necessária a utilização de uma dimensão vertical da oficina. Neste caso, pode ser útil dispor o equipamento em vários pisos, como mostra a ilustração. Esta ilustração mostra que as peças podem deslocar-se horizontalmente num determinado piso (sentido do fluxo horizontal), mas também de um piso para outro situado a um nível diferente (sentido do fluxo vertical). Nestas situações, tanto a posição no piso como os níveis de cada instalação devem ser determinados, pelo que os problemas envolvidos são designados por problemas de layout de vários pisos (Kochhar & Heragu, 1998).

• Disposição estática: Se a procura for mais ou menos constante, a abordagem do problema da disposição estática das instalações é um método adequado para obter uma boa disposição das instalações.
• Disposição dinâmica: Quando a procura flutua frequentemente ao longo do tempo, as abordagens de disposição estática podem não ser

eficientes em diferentes períodos do horizonte de planeamento. As flutuações na procura de produtos, as alterações no mix de produtos, a introdução de novos produtos e a descontinuação de produtos existentes são factores que podem tornar ineficiente a disposição atual da fábrica e aumentar os custos de movimentação de materiais, o que pode exigir uma alteração da disposição (Afentakis, Millen, & Solomon, 1990). A manutenção de um bom layout da fábrica requer uma avaliação contínua das variações da procura de produtos e do fluxo entre departamentos e a necessidade de abordagens dinâmicas do problema de layout da fábrica para o desenvolvimento do layout. Um plano de layout para o problema de layout dinâmico consiste em uma série de layouts, onde cada layout está associado a um período. De acordo com Baykasoglu & Gindy (2001), o custo de mudança deve ser considerado como um fator importante na alteração ou planeamento do layout da fábrica.

3.4 Objectivos de um bom planeamento do sistema:

(1) O manuseamento e o transporte de materiais são reduzidos ao mínimo e controlados de forma eficiente.

(2) Os estrangulamentos e os pontos de estrangulamento são eliminados (através do balanceamento de linhas) para que as matérias-primas e os produtos semi-acabados possam ser movidos rapidamente de uma estação de trabalho para a seguinte.

(3) Os postos de trabalho são funcionais e adequadamente concebidos.

(4) As áreas adequadas são atribuídas aos centros de produção e de serviços.

(5) Os movimentos dos empregados são reduzidos ao mínimo.

(6) O tempo de espera dos produtos semi-acabados é reduzido ao mínimo.

(7) As condições de trabalho tornaram-se mais seguras, melhores (salas bem ventiladas, etc.) e mais adequadas.

(8) Existe uma maior flexibilidade para alterações na conceção do produto e para futuras expansões.

(13) Um bom layout permite que os materiais passem pelo sistema à velocidade desejada e ao menor custo.

3.5 Princípios de planeamento de sistemas:

Nos últimos anos, foram desenvolvidos muitos princípios de conceção de sistemas para orientar os engenheiros. Para além destes princípios, é necessária uma arte e perícia consideráveis para conceber uma boa disposição das instalações. A investigação continua a desenvolver uma abordagem científica para resolver problemas de conceção de instalações.

Alguns dos resultados são o desenvolvimento de uma abordagem heurística, modelos matemáticos e métodos de cálculo assistidos por computador para o equilíbrio das linhas de montagem.

Alguns princípios sólidos do planeamento do sistema são descritos resumidamente a seguir.

Estes são os princípios de:
(a) Integração:
Significa a integração lógica e equilibrada das instalações do centro de produção, tais como trabalhadores, máquinas, matérias-primas, etc.

(b) Minimização das sequências de movimentos e da movimentação de materiais:
O número de deslocações de trabalhadores e materiais deve ser reduzido ao mínimo. É preferível transportar materiais em quantidades óptimas do que em pequenas quantidades.

(c) Fluxo suave e contínuo:
Os estrangulamentos, os pontos de congestionamento e os atrasos devem ser eliminados através de técnicas adequadas de equilibragem de linhas.

(d) Utilização do espaço cúbico:

Se não for utilizada apenas a área do chão de uma sala, mas também a altura do teto, podem ser armazenados mais materiais na mesma sala. As caixas ou sacos de matérias-primas ou mercadorias podem ser empilhados uns sobre os outros para armazenar mais itens no mesmo espaço. Os empilhadores industriais montados no teto poupam muito espaço valioso no chão.

(e) Ambientes seguros e melhorados:

Locais de trabalho seguros, bem ventilados e isentos de poeiras, ruído, fumo, odores e outras condições perigosas aumentam o desempenho dos trabalhadores e melhoram o seu moral. Tudo isto conduz à satisfação dos trabalhadores e, por conseguinte, a melhores relações entre empregadores e trabalhadores.

(f) Flexibilidade:

Na indústria automóvel e noutras indústrias em que os modelos de produtos mudam ao longo do tempo, é melhor permitir toda a flexibilidade possível na disposição. As máquinas são dispostas de forma a que as alterações no processo de produção possam ser efectuadas com o menor custo ou perturbação possível.

Proposed Method:

	Data collection	Tools used	Detailed approach
(1)	Determine plant capacity	PQRST approach	Use monthly production data for certain period (6 month)
(2)	Analysis of operations	Work and method study tools	Identify waste using flow process chart and use manufacturer's catalogues for spatial requirement of machine
(3)	Materials flow	From-to chart	By multiple factory tours
(4)	Relationship between depts	Mileage chart with grade criteria	Include the needs for communication and logistics flow between departments
(5)	Spatial requirement	Space relationship diagram	Identify total area for each department including aisles and ergonomics
(6)	Layout alternatives	Simulate for material flow	Characteristics of each layout are evaluated on basis of material flow
(7)	Selected layout	Convert block into factory layout	Machines and transportation path are placed to transform plant layout

3.6 Planeamento sistemático do layout

SLP é um acrónimo de Systematic Layout Planning, uma técnica desenvolvida por Richard Muther. (Muther, 1961) Trata-se de um processo de planeamento passo a passo que permite ao utilizador identificar, visualizar e avaliar as várias actividades, relações e alternativas associadas a um projeto de layout. As três áreas básicas da técnica são as relações, o espaço e a personalização. Os subconteúdos da área das relações são a recolha de dados de entrada, o fluxo de materiais, a atividade das relações e os diagramas de relações. Os subconteúdos da área do espaço são as necessidades de espaço, o fornecimento de espaço e os diagramas de relações espaciais. Os subconteúdos da área da adaptação são as considerações modificadoras, as restrições práticas, a avaliação e a seleção final. Esta técnica combina a medição quantitativa dos movimentos materiais com considerações de fluxos não materiais, como o ruído, o fumo, a temperatura, a vigilância, a comunicação, o conforto e os movimentos do pessoal. A sua principal vantagem é o facto de documentar claramente a lógica do layout e permitir a participação fácil de todos os níveis de pessoal.

Cinco elementos importantes
Os princípios e pontos de partida para a investigação de problemas de layout de instalações podem ser generalizados em cinco elementos importantes de acordo com o método SLP. Estes cinco elementos são a "chave" para a solução. São eles:

1. Produto P
O elemento produto inclui o produto final, as matérias-primas, os componentes de processamento e os projectos de serviços. Toda a informação é fornecida pela diretriz de produção e pelo menu de design. Este elemento é o fator chave que afecta a composição e a relação de todas as instalações, categorias de equipamento e métodos de manuseamento de materiais.

2. Quantidade Q
O elemento quantidade indica o âmbito da produção, entrega, uso ou utilização do serviço. Toda a informação é fornecida pelas estatísticas de produção e pelo menu de construção e é representada por peça, peso, volume e preço. Este elemento afecta a escala da disposição, a quantidade de equipamento, a mão de obra e a área de construção.

3. Rota R

O elemento linha é o resultado da conceção do processo tecnológico. Pode ser representado por um diagrama de planta da fábrica, um diagrama de rota de processo, um diagrama de fluxo de processo, etc. Afecta a relação entre cada unidade de trabalho, a rota de transporte de material e o armazém e local de armazenamento. Afecta a relação entre cada unidade de trabalho, a rota de transporte de material e o armazém e local de armazenamento.

4. Serviço de apoio S

O elemento "Serviço" refere-se a serviços públicos e adicionais, tais como ferramentas, manutenção, condução, entregas e certas linhas ferroviárias, estações de saúde, balneários, cantinas e casas de banho. Este tipo de elemento é assegurado por projectistas profissionais de cada área específica. O departamento de serviços apoia o sistema de produção e, de certa forma, reforça a eficiência da produção. A área do departamento de serviços pode, por vezes, ser maior do que a área do departamento de produção.

5. Tempo T

O elemento tempo refere-se ao momento e à duração da produção, tendo em conta o tempo de funcionamento de cada processo. De acordo com o tempo necessário, podemos estimar a quantidade de equipamento, a área necessária e o número de empregados. Para além dos cinco elementos acima referidos, é claro que também é necessário recolher outros elementos relacionados para finalizar a conceção final da configuração. No entanto, P e Q constituem a base de todas as outras caraterísticas, condições e elementos. Para obter uma disposição óptima do sistema, é necessário, em primeiro lugar, efetuar uma análise e um cálculo estruturados e pormenorizados com base nos dados originais abrangentes e precisos destes cinco elementos. Em seguida, com base nos cálculos, são criadas várias formas, modelos matemáticos e gráficos para representar a ideia central de uma forma simples, óbvia e clara.

1.7 Montagem do palco

A estrutura do método SLP está dividida em quatro fases, que são apresentadas no diagrama seguinte

seguir.

Fonte: Artigo de investigação (E-ISSN2249-8974

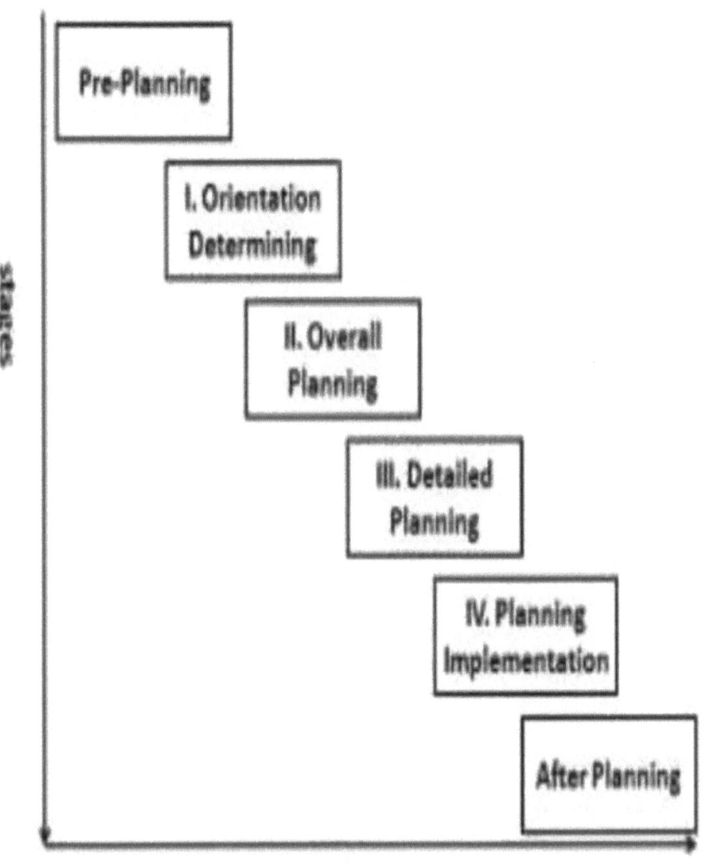

Fig.l: Estrutura das fases da SLP (retirado de Muther, 1961, SLP)

Fase I. Determinação da orientação

O objetivo desta fase é determinar a orientação inicial.

Independentemente da disposição geral de toda a fábrica e da disposição das oficinas individuais, é necessário determinar primeiro o local adequado. É muito importante encontrar uma localização e uma direção de contribuição corretas e adequadas.

Fase II. Planeamento global

Uma vez assegurada a delimitação, deve ser planeado um layout global para esta área. O layout deve ser combinado com os modelos logísticos básicos e o zonamento. Para a criação de um plano preliminar de utilização do solo, as formas das unidades operacionais individuais são necessárias como dados muito importantes. Também é necessário conhecer as relações entre as unidades operacionais individuais.

Fase III Planeamento pormenorizado

Esta tarefa de planeamento deve ser muito detalhada para cada oficina, unidade de trabalho e equipamento. Para obter um layout detalhado, devem ser determinadas as localizações exactas das instalações, as estruturas dos corredores, as localizações dos pontos de entrada/saída (I/O) e o layout de cada departamento.

Fase IV. Planeamento da implementação

Tal como o nome indica, a principal tarefa desta fase consiste em elaborar um plano de construção, preparar a construção, efetuar a construção e a instalação. Além disso, o departamento de planeamento e conceção deve ser responsável pelas fases II e III. Existem sobreposições entre os processos destas quatro fases. Para pequenas fábricas que apenas necessitam de uma ou duas oficinas, por exemplo, é possível combinar a construção com o planeamento.

mudar. Por vezes, este cruzamento pode até ser mais económico e eficaz. Em qualquer caso, os resultados de cada etapa devem ser aprovados pelas autoridades superiores. As fontes e as informações necessárias para cada fase tornam-se mais extensas e complicadas à medida que a fase avança.

Há também uma fase de pré-planeamento antes da primeira fase, na qual são definidos os objectivos, previstas as necessidades de instalações e estimadas a capacidade de produção e a procura. A fase IV é seguida pela fase final propriamente dita, na qual é efectuado o teste de funcionamento de todo o layout após a implementação. A principal tarefa desta fase é a elaboração das conclusões e do resumo de gestão para a construção, instalação e colocação em funcionamento de todo o projeto.

1.8 Procedimento para o planeamento da disposição do sistema

Os dados foram recolhidos e o número de ferramentas/equipamentos para o fabrico foi contado em relação à direção das matérias-primas e do produto. Para a análise, foram utilizados o fluxograma de operações, o fluxo de materiais e o diagrama de relações de actividades. O problema da fábrica foi identificado e analisado utilizando o método SLP para planear a relação entre o equipamento e a área. A estrutura do SLP é apresentada na Fig. 1. Com base em dados como o produto, a quantidade, o itinerário, o apoio, o tempo e as relações entre o fluxo de materiais e o diagrama de relações entre actividades são apresentados. Com base no fluxo de materiais e nas actividades de relação na produção, é possível observar a relação entre cada unidade operacional. Em seguida, os resultados foram obtidos através da comparação entre o processo de fabrico existente e o itinerário proposto.

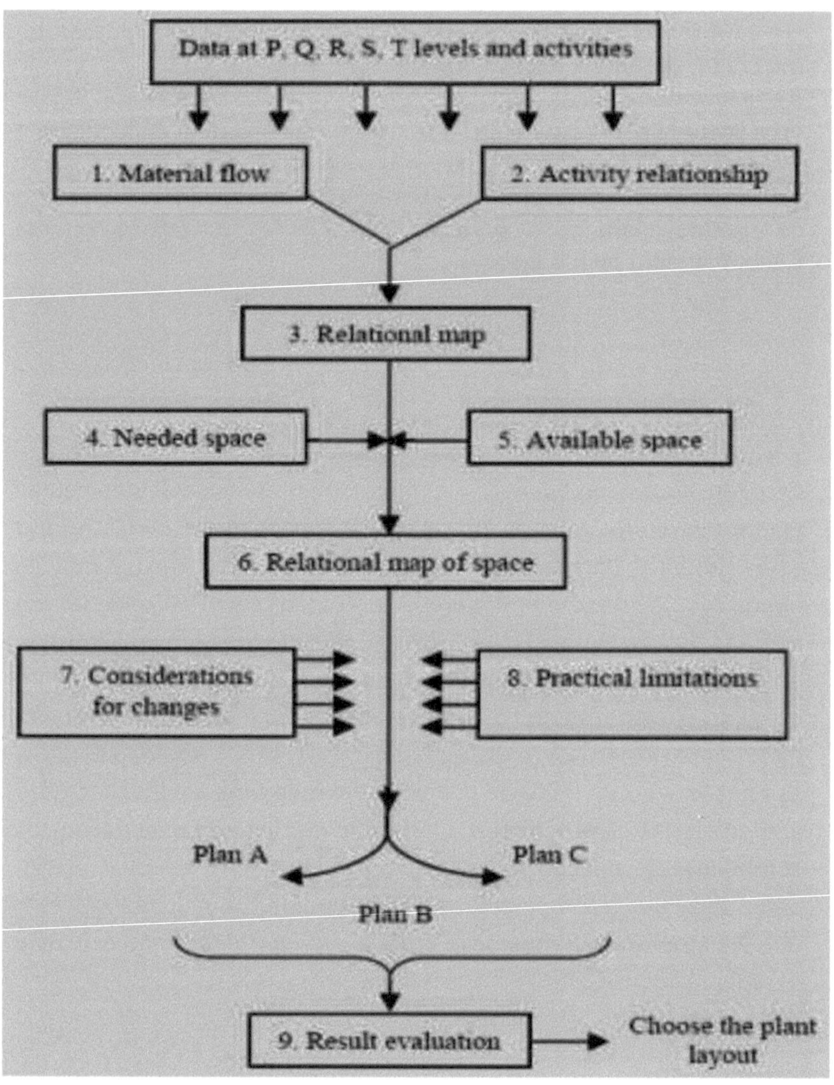

Fig.No.2 Estrutura sistemática do planeamento

Fonte: Documento de investigação (E-ISSN2249-8974)

4.1 Disposição do sistema existente

No presente estudo, as mesas foram geralmente fabricadas em tamanhos normalizados. O processo de fabrico foi ilustrado na Fig. 3, juntamente com a sequência do processo de trabalho. O tamanho do equipamento foi definido em relação à área, como mostra a Tabela 4, e a Tabela 5 mostra as distâncias que o componente tem de percorrer na oficina.

Department	Equipment type	Number of equipments	Area Required Per Machine(m2)	Area For Operations(m2)
Press machining	Hot roller 1	1	9.70	12.021
Press machining	Hot roller 2	1	9.70	12.021
Cutting Process	Altendorf cutler	1	29.56	29.56
Machining Process	CNC machine	1	26.55	33.43
Edge Banding Process	Edge bandage machine	1	6.098	6.13
Curvilinear Banding Process	Circular bracket optimal machine	1	6.44	10.32
Polishing Process	Polishing machine	1	10.04	13.41
Grooving process	Grooving machine	1	4.57	5.08
Fixing & Fasteners	Bracket optimal	1	15.87	19.87
Fixing & Fasteners	Bracket optimal roller	1	10.32	14.20

Tabela n.º 1: Relação entre o tamanho do aparelho e a área

4.2 O fluxo de materiais

As matérias-primas foram transportadas a longas distâncias, o que significa um desperdício de tempo e energia e conduz a custos elevados (ver quadros 4 e 5).

mais energia.

FLOW PROCESS CHART	MAN / MATERIAL / MACHINE TYPE			
CHART NO.1	SUMMARY			
SUBJECT CHARTED: Manufacturing of Furniture	ACTIVITY	PRESENT	PROPOSED	SAVINGS
	OPERATION	6		
	TRANSPORT	7		
ACTIVITY: Table Product	DELAY	-		
	INSPECTION	-		
	STORAGE	1		
METHOD: PRESENT	DISTANCE (mtr / ft)	73.88		
LOCATION: Envy Solution	TIME (min / sec)	3586 sec		
OPERATOR: -	COST			
CHARTED BY: Rakesh pawar	LABOUR			
APPROVED BY:	MATERIAL			
DATE & TIME:	TOTAL			

DESCRIPTION	Distance meter/ ft	Time min/sec	SYMBOL ◯	⇨	D	▢	▽	REMARKS
Raw Material	-	-					●	
Raw Material to Press Machine	11.59	180 sec		●				
Press Machine	-	300 sec	●					
Press Machine to Cutting Machine	2.56	9 sec		●				
Cutting Machine	-	420 sec	●					
Cutting Machine to CNC Machine	17.19	350 sec		●				
CNC Machine	-	600 sec	●					
CNC Machine to Edge Banding	23.32	480 sec		●				
Edge Banding	-	480 sec	●					
Edge Banding to Cuvilinear Banding Machine	2.62	17 sec		●				
Cuvilinear Banding Machine	-	180 sec	●					
Cuvilinear Banding Machine to Polishing Process	4.8	60 sec		●				
Polishing Process	-	270 sec	●					
Polishing Process to Storage/Dispatch	11.8	240 sec		●				

Quadro n.º 3 . Diagrama de fluxo para o layout existente

4.3 Análise da disposição do sistema com base no SLP

Ao analisar o processo de produção, verificou-se que as longas distâncias para o transporte de matérias-primas podiam ser encurtadas e que o problema do espaço não utilizado podia ser resolvido. A forma de melhorar a fábrica consistia em aplicar o método SLP para tornar o fluxo de trabalho contínuo, organizando os processos importantes de fabrico. Em seguida, a relação de cada atividade foi considerada na área de proximidade para representar a relação de cada atividade no diagrama de-para-diagrama, como mostra a Fig. 3, e o valor de proximidade foi definido como A = absoluto, E = especialmente importante, 1= importante, 0= proximidade normal, U= sem importância. Os pormenores de cada atividade são descritos no Quadro 3, como se segue:

Value	Closeness
A	Absolutely necessary
E	Especially important
I	Important
O	Ordinary closeness
U	unnecessary
X	Not desirable

Quadro n.º 4 Esquema de avaliação em seis níveis (valor aproximado)
Fonte: Documento de investigação (E-ISSN2249-8974)

Code	Reason
1	Flow of Material
2	Ease of supervision
3	Contact
4	Production control

Quadro n.º 5 Razões da proximidade geográfica

Description	1	2	3	4	5	6	7	8
Raw material	-							
Press machine	A(1)	-						
Cutting Machine	U(3)	A(1)	-					
CNC machining	U(4)	O(5)	A(1)	-				
Edge Banding	U(4)	U(4)	U(4)	A(1)	-			
Curvilinear Banding Machine	U(4)	U(4)	U(4)	I(3)	A(1)	-		
Polishing Process	U(2)	U(4)	U(4)	U(4)	U(3)	A(1)	-	
Dispatch	U(2)	A(3)	I(4)	U(3)	U(3)	U(2)	A(2)	-

Tabela No.6. diagrama com as relações entre as actividades

A sequência importante das actividades individuais foi reorganizada da mais importante para a menos importante. Foi desenvolvida a intensidade do fluxo de cada atividade para outra. Foi desenvolvida uma série de layouts com base na alteração do layout da fábrica e nas restrições práticas. Havia 2 opções para melhorar o layout da fábrica, como mostra a Fig. 4. A disposição existente da fábrica é mostrada na Fig. 3 e a disposição modificada da fábrica é mostrada na Fig. 4.

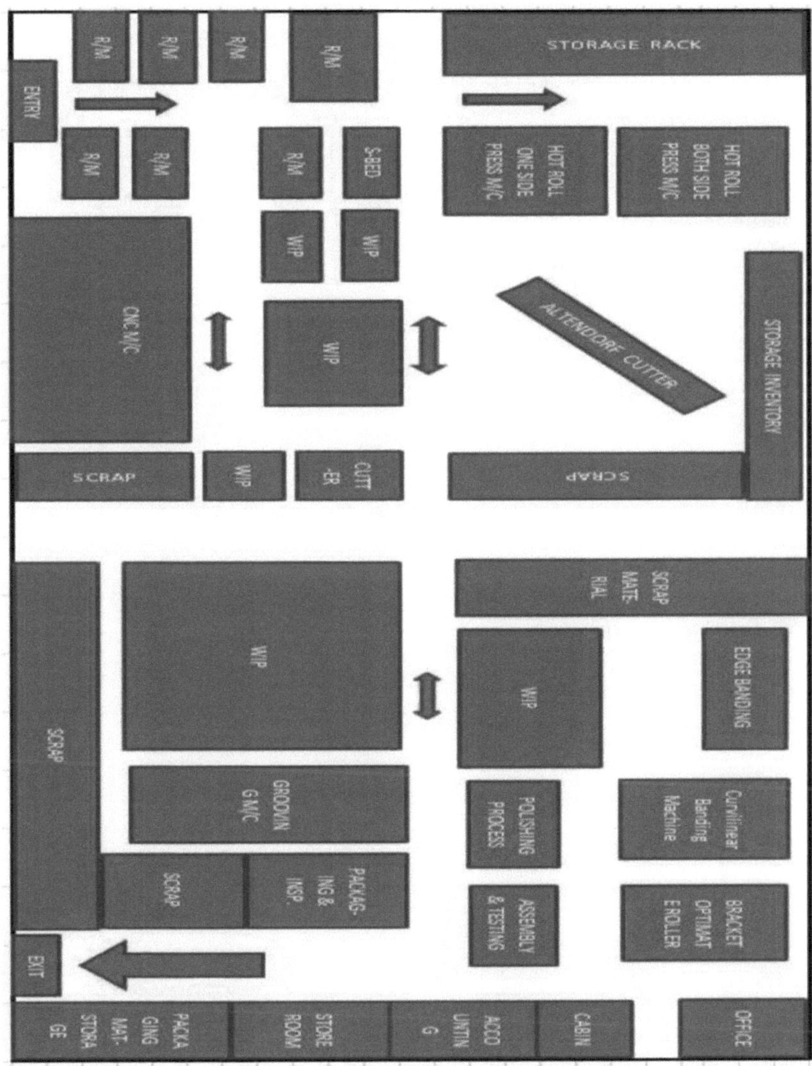

Fig. 3 Disposição atual

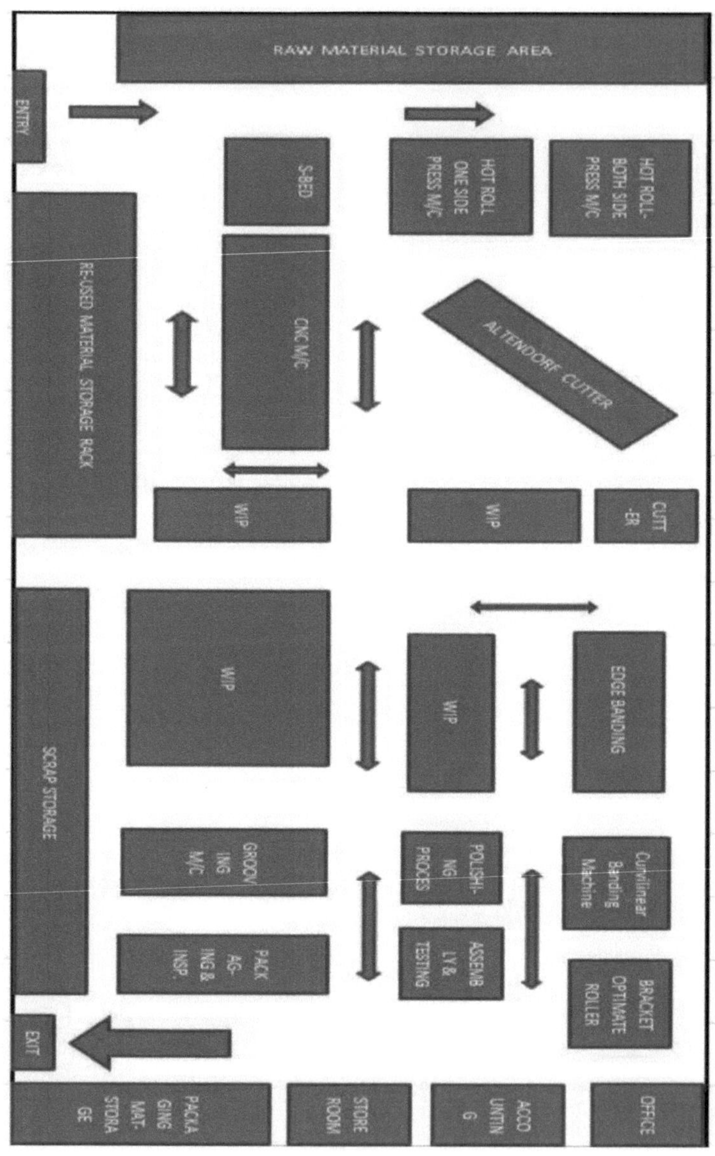

Fig. 4 Esquema proposto

A reorganização do layout leva a uma redução no fluxo de materiais e, portanto, a menos desperdício e maior produção.

FLOW PROCESS CHART	MAN / MATERIAL / MACHINE TYPE				
CHART NO.2	SUMMARY				
SUBJECT CHARTED: Manufacturing of Furniture	ACTIVITY		PRESENT	PROPOSED	SAVINGS
	OPERATION		6	6	-
	TRANSPORT		7	7	-
ACTIVITY: Table Product	DELAY		-	-	--
	INSPECTION		-	-	-
	STORAGE		1	1	-
METHOD: PRESENT / PROPOSED	DISTANCE (mtr / ft)		73.88	48.85	25.03
LOCATION: Envy Solution	TIME (min / sec)		3586 sec	2972 sec	614 sec
OPERATOR: -	COST				
CHARTED BY: Rakesh pawar	LABOUR				
APPROVED BY:	MATERIAL				
DATE & TIME:	TOTAL				
DESCRIPTION	Distance meter/ ft	Time min/sec	SYMBOL		REMARKS
			○ ⇨ D □ ▽		
Raw Material	-	-			
Raw Material to Press Machine	9.3	114 sec			
Press Machine	-	300 sec			
Press Machine to Cutting Machine	2.56	9 sec			
Cutting Machine	-	420 sec			
Cutting Machine to CNC Machine	7.13	120 sec			
CNC Machine	-	600 sec			
CNC Machine to Edge Banding	10.64	222 sec			
Edge Banding	-	420 sec			
Edge Banding to Cuvilinear Banding Machine	2.62	17 sec			
Cuvilinear Banding Machine	-	180 sec			
Cuvilinear Banding Machine to Polishing Process	4.8	60 sec			
Polishing Process	-	270 sec			
Polishing Process to Storage/Dispatch	11.8	240 sec			

Tabela No.7 . Distância percorrida pelos componentes no esquema proposto

	SUMMARY		
ACTIVITY	PRESENT	PROPOSED	SAVINGS
OPERATION	6	6	-
TRANSPORT	7	7	-
DELAY	-	-	--
INSPECTION	-	-	-
STORAGE	1	1	-
DISTANCE (mtr / ft)	73.88	48.85	25.03
TIME (min / sec)	3586 sec	2972 sec	614 sec

Depois de analisar o fluxo de trabalho para a mesa (Tabela 7), verificou-se que a distância da saída da matéria-prima para a máquina de prensagem foi reduzida para 2,29 m e de

A distância entre a máquina de prensagem e a máquina CNC foi reduzida para 10,06 m e a distância entre a máquina CNC e a máquina de colagem de bordos foi reduzida para 12,68 m. A disposição proposta reduziu a distância total para 25,03 metros.

Tabela No.8 . Economia de distância e de tempo no traçado proposto

Como se pode ver na tabela acima, o tempo economizado para a produção de um único componente de mesa foi de 614 segundos. A capacidade da fábrica foi, portanto, aumentada através da redução do tempo necessário para fabricar um componente de mesa e da diminuição das distâncias para o fluxo de material das respectivas máquinas. Isto leva a um aumento da produtividade da fábrica.

Referências

[1] Vishal Bhawar, Abhishek Yadav," Improving Productivity by the application of systematic layout plan and work study" ", International Journal of latest Trends in Engineering and Technology, Vol.6 Issue 4, March 2016

[2] Shubham Barnwal, Prasad Dharmadhikari," Optimisation of Plant Layout Using SLP Method", International Journal of Innovative Research in Science, Engineering and Technology (An ISO 3297: 2007 Certified Organization), Vol. 5, Issue 3, March 2016

[3] S.S. Gnanavel, Venkatesh Balasubramanianb,, T.T. Narendrana," Suzhal - An alternative layout to improve productivity and worker", 6.ª Conferência Internacional sobre Factores Humanos Aplicados e Ergonomia (AHFE 2015) e Conferências Afiliadas, AHFE 2015 AHFE 2015

[4] Orville Sutari, Sathish Rao U," Development Of Plant Layout Using Systematic Layout Planning (SLP) To Maximise Production - A Case Study", Proceedings of 07th IRF International Conference, 22nd June-2014

[5] Mohamed Farook K.S e Krishnaiah K," Productivity Improvement in a Manufacturing Industry", International Journal of Recent Trends in Mechanical Engineering, Vol. 2, Issue. 2, April. 2014

[6] Md. Riyad Hossain, Md. Kamruzzaman Rasel & Subrata Talapatra, "Increasing Productivity through Facility Layout Improvement, Global Journal of Researches in Engineering: J General Engineering, Volume 14 Issue 7 Version 1.0 Year 2014 [7] C. S. Avinash and B. S. Reddy, Comparative economic efficiency of modern and traditional redgram

processing mills in Karnataka Indian Journal of Economics and Development, Vol 2 (5), September 2014

[8] Abhishek Jain, Rajbir Bhatti, Harwinder Singh," Improving Employee & Manpower Productivity by Plant Layout Improvement", RAECS UIET Panjab University Chandigarh, 06 - 08 de março, 2014

[9] Udita Saini, Ms Sujata," Lean Six Sigma - Process Improvement Techniques", International Journal of Advanced Research in Computer Science and Software Engineering, Volume 3, Issue 11, November 2013

[10] N. V. Shende," Technology adoption and their impact on farmers: A Case study of PKV Mini Dal Mill in Vidarbha Region" ISSN No. 0976-8602, VOL.-II, ISSUE-IV, OCTOBER2013

[11] Anucha Watanapa, Phichit Kajondecha, Patcharee Duangpitakwong, e Wisitsree Wiyaratn, Analysis Plant Layout Design for EffectiveProduction,proceeding of internationaljournal,IMECS 2011,2011

[12] George Kanawaty, Introdução ao estudo do trabalho (OIT), Universal Publishing, quarta edição, 2013.

[13] Subodh B Patil1, S.S.Kuber2, Melhoria da produtividade na fábrica usando (slp) - Um estudo de caso da indústria de média escala, Jornal Internacional de Pesquisa em Engenharia e Tecnologia, 03 Edição: 04, 2014

1. www.sciencedirect.com

2. www.ibef.com

Índice

Printed by Books on Demand GmbH, Norderstedt / Germany